小小夢想家貼紙遊戲書

時裝設計師

新雅文化事業有限公司
www.sunya.com.hk

小小夢想家貼紙遊戲書

時裝設計師

編　　寫：新雅編輯室
插　　圖：麻生圭
責任編輯：劉慧燕
美術設計：李成宇
出　　版：新雅文化事業有限公司
香港英皇道 499 號北角工業大廈 18 樓
電話：(852) 2138 7998
傳真：(852) 2597 4003
網址：http://www.sunya.com.hk
電郵：marketing@sunya.com.hk
發　　行：香港聯合書刊物流有限公司
香港新界大埔汀麗路 36 號中華商務印刷大廈 3 字樓
電話：(852) 2150 2100
傳真：(852) 2407 3062
電郵：info@suplogistics.com.hk
印　　刷：中華商務彩色印刷有限公司
香港新界大埔汀麗路 36 號
版　　次：二〇一五年四月初版
二〇二〇年九月第三次印刷

ISBN: 978-962-08-6279-3

18/F, North Point Industrial Building, 499 King's Road, Hong Kong
Published in Hong Kong
Printed in China

小小夢想家，你好！我是一位時裝設計師。你想知道時裝設計師的工作是怎樣的嗎？請你玩玩後面的小遊戲，便會知道了。

工作地點：設計工作室

主要職責：設計時裝

性格特點：具潮流觸覺、富創意、善於繪畫

時裝設計師上班了

　　時裝設計師準備在工作室開始一天的工作。請從貼紙頁中選出貼紙貼在下面適當位置。

除了工作室外，有些設
計師會在家裏工作呢！

縫製衣服的工具

時裝設計師要懂得縫製衣服，他們需要使用什麼工具呢？請在 ☐ 內加 ✔。

設計圖案

時裝設計師想設計一些圖案用在新的衣服系列上。請你跟着左邊的示範圖，在右邊空白的方格中貼上相應的貼紙，組成相同的圖案吧！

1.

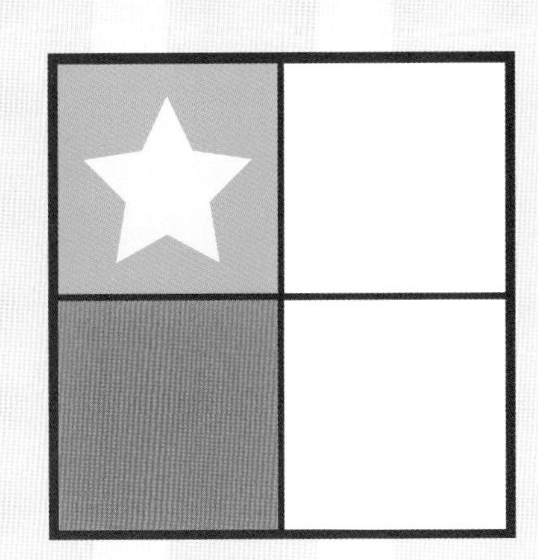

2.

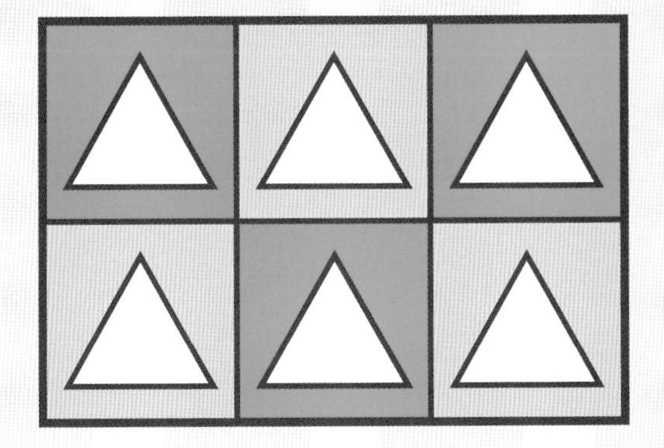

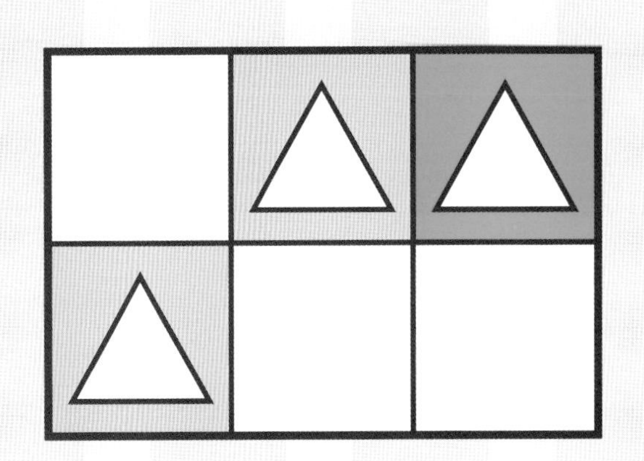

3.

布料的顏色

做衣服的布料要進行染色。下面這些顏色混合在一起會變成什麼顏色呢？請用顏色筆在▢內填上正確的顏色。

1. + =

2. + =

3. + =

你可以試試用木顏色筆把兩種顏色輕輕地重疊塗在一起，找出答案啊！

縫製衣服

小朋友，時裝設計師要使用縫紉機縫製衣服。請你根據下面的指示連線，看看她縫製出什麼衣服吧！

裝飾裙子

時裝設計師想把下面這條裙子裝飾得更美麗。小朋友，請你發揮創意，把裝飾貼紙貼在裙子上吧！

設計帽子

小朋友，你能幫助時裝設計師為下面兩位模特兒設計帽子嗎？請在他們的頭上畫出美麗的帽子吧！

傳統服飾展覽會

不同國家的人們都有自己的傳統服飾，他們的裝扮各有不同。請根據國家名稱，貼上相應的服飾貼紙，為模特兒們穿上正確的傳統服飾。

韓國

現在人們大多只會在特別的節日或重要的場合，才會穿上自己國家的傳統服飾。

時裝店

　　時裝設計師到時裝店巡視業務。請從貼紙頁中選出貼紙貼在下面適當位置。

CASHIER

選購衣服

有一位顧客選中了五件衣服，請在下圖中把她想要的衣服找出來，在上面貼上衣架貼紙。

照鏡子

顧客在時裝店照鏡子試穿衣服。請你看看右邊哪個才是他們在鏡子中的影像，把代表答案的英文字母圈起來。

穿衣要合時

下面這幾位顧客有不同的需要，他們應該選購哪些衣服呢？請把代表答案的英文字母圈起來吧。

1.

2.

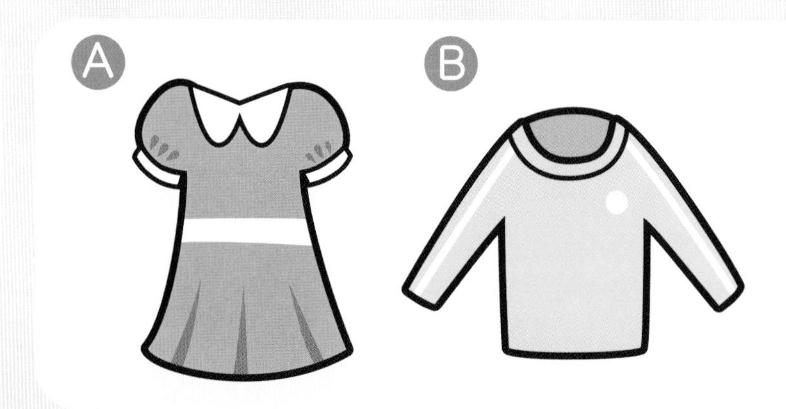

3.

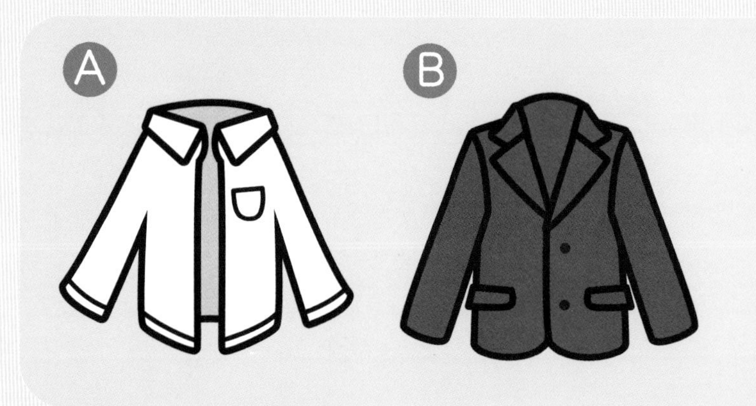

C
D
E
F
我們要因應不同場合和環境，選擇合適的服裝。
C
D
E
F
C
D
E
F

結賬了

顧客準備結賬付款了。請看看衣服上的價格標籤，把適當的錢幣貼紙貼在下面的盤子上，注意不要多付錢啊！

1.

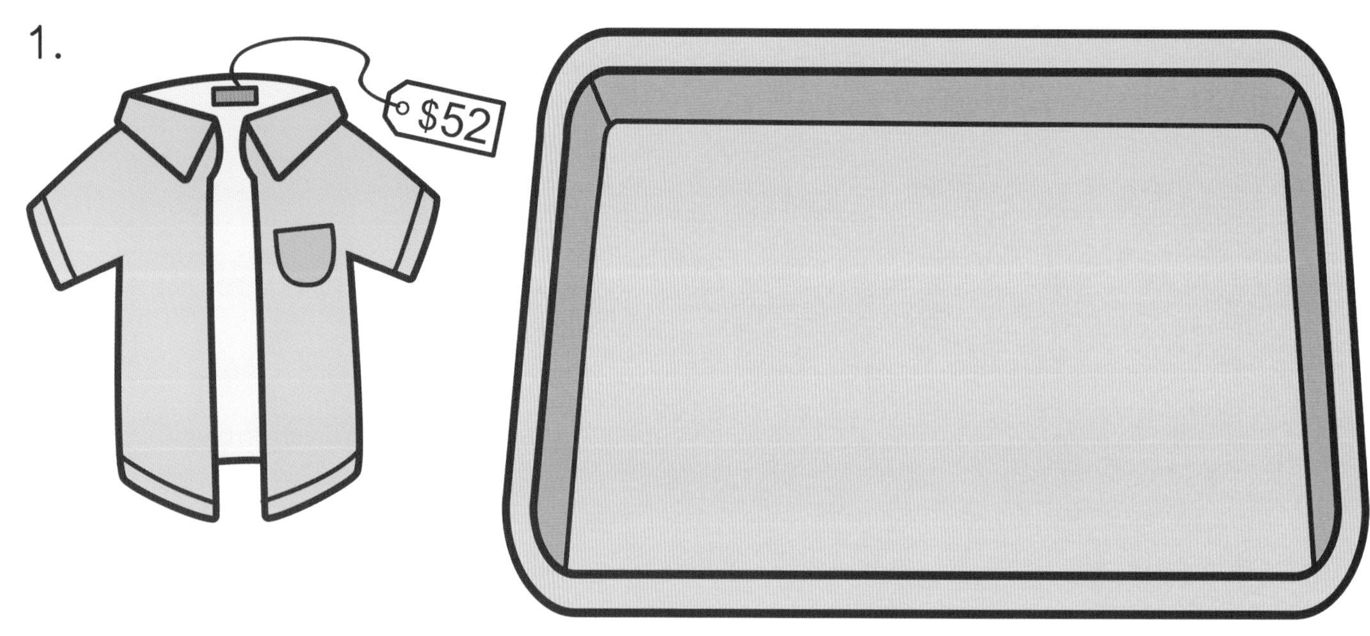

2.

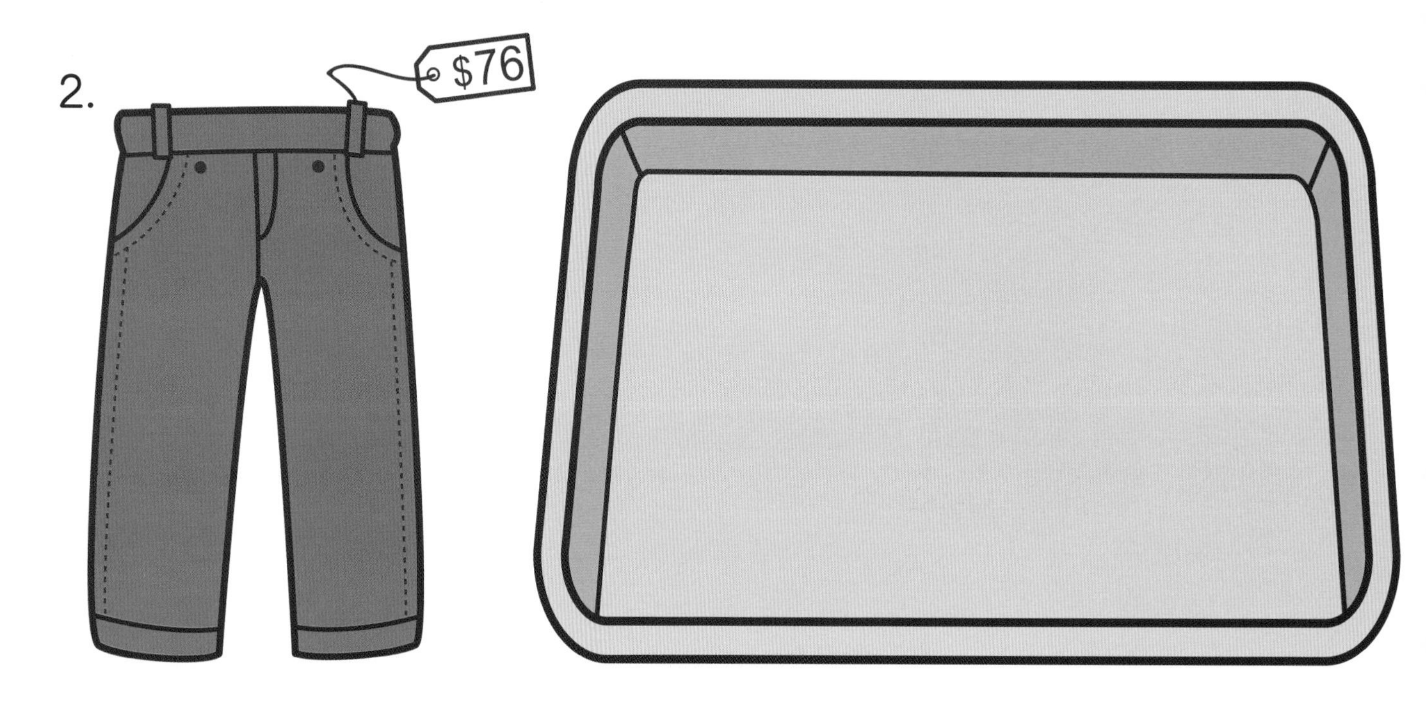

洗衣符號

衣服上常標示着不同的洗衣符號，提示我們應如何清洗和處理它們。下面四件衣服各有不同的清洗注意事項，請把相應的洗衣符號貼紙貼在衣服上。

1.

適宜手洗

2.

可用乾衣機乾衣

3.

不可熨燙

4.

不宜扭乾

參考答案

P.6

1, 3, 4, 5, 7

P.7

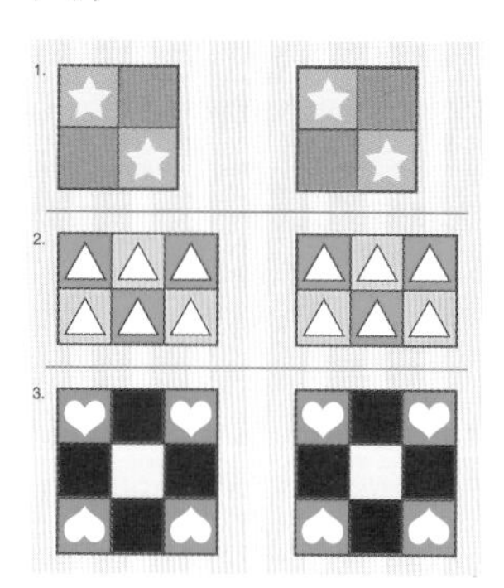

P.8

1. 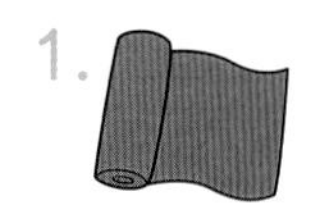
2. 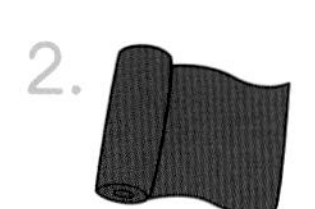
3. 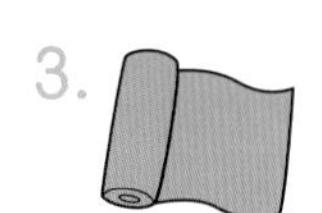

P.9

1. 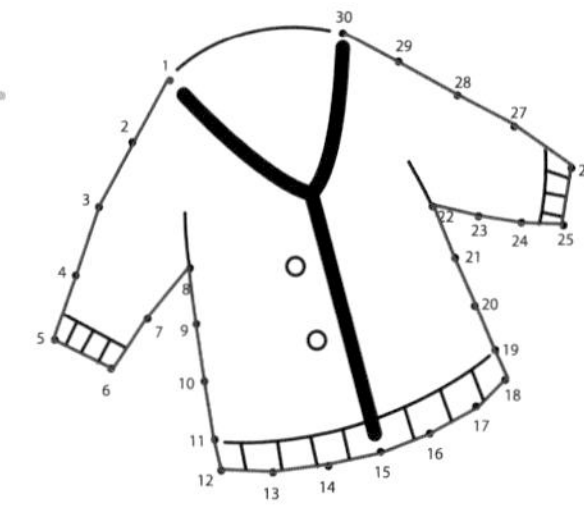

2. 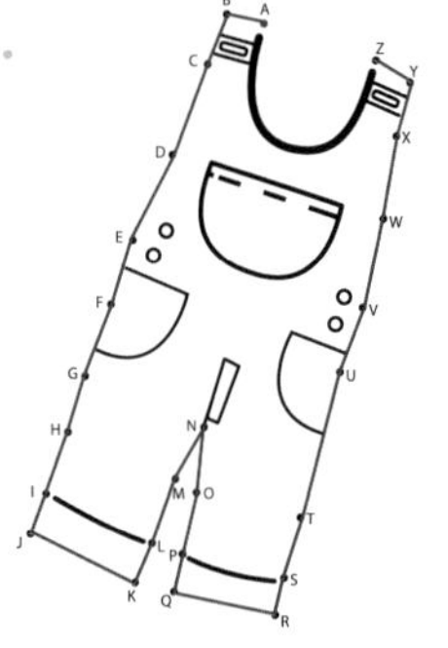

P.12 - P.13

P.16

P.17

1. C　2. A　3. C

P.18 - P.19

1. A, B, C, E　　2. B, C, F

3. A, B, D, F

P.20

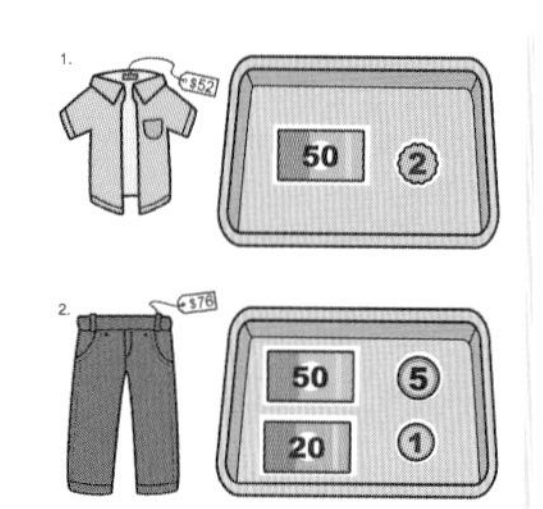

P.21

1.　2.　3.　4.

Certificate

恭喜你！

________________（姓名）完成了

小小夢想家貼紙遊戲書：

時裝設計師

如果你長大以後也想當時裝設計師，

就要繼續努力學習啊！

祝你夢想成真！

家長簽署：________________

頒發日期：________________